森林报·夏

学而思大语文分级阅读 第一学段·1~2年级

[苏联] 维·比安基 著

学而思教研中心 改编

石油工业出版社

前　言

——写给爸爸妈妈和老师

　　"阅读力就是成长力"，这个理念越来越成为父母和老师的共识。的确，阅读是一个潜在的"读——思考——领悟"的过程，孩子通过这个过程，打开心灵之窗，开启智慧之门，远比任何说教都有助于成长。

　　儿童教育家根据孩子的身心特点，将阅读目标分为三个学段：第一学段（1~2年级）课外阅读总量不少于5万字，第二学段（3~4年级）课外阅读总量不少于40万字，第三学段（5~6年级）课外阅读总量不少于100万字。

　　从当前的图书市场来看，小学生图书品类虽多，但未做分级。从图书的内容来看，有些书籍虽加了拼音以降低识字难度，可文字量太大，增加了阅读难度，并未考虑孩子的阅读力处于哪一个阶段。

　　阅读力的发展是有规律的。一般情况下，阅读力会随着年龄的增长而增强，但阅读力的发展受到两个重要因素的影响：阅读兴趣和阅读方法。影

响阅读兴趣的关键因素是智力和心理发育程度，而阅读方法不当，就无法引起孩子的阅读兴趣，所以孩子阅读的书籍应该根据其智力和心理的不同发展阶段进行分类。

教育学家研究发现，1~2年级的孩子喜欢与大人一起朗读或阅读浅近的童话、寓言、故事。通过阅读，孩子能获得初步的情感体验，感受语言的优美。这一阶段要培养的阅读方法是朗读，要培养的阅读力就是喜欢阅读，还可以借助图画形象理解文本、初步形成良好的阅读习惯。

3~4年级的孩子阅读力迅速增强，阅读量和阅读面都开始扩大。这一阶段是阅读力形成的关键期，正确的阅读方法是默读、略读；阅读时要重点品味语言、感悟形象、表达阅读感受。

5~6年级的孩子自主阅读能力更强，喜欢的图书更多元，对语言的品味更有要求，开始建立自己的阅读趣味和评价标准，要培养的阅读方法是浏览、扫读；要培养的阅读力是概括能力、品评鉴赏能力。

本套丛书编者秉持"助力阅读，助力成长"的理念，精挑细选、反复打磨，为每一学段的孩子制作出适合其阅读力和身心发展特点的好书。

我们由衷地希望通过这套书，孩子能收获阅读的幸福感，提升阅读力和成长力。

学而思教研中心

目 录

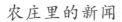

幸福筑巢月（夏天第一个月）

森林里的新闻

农庄里的新闻

狩猎故事

幸福育雏月（夏天第二个月）

森林里的小宝宝

学习本领月（夏天第三个月）

幸福
筑巢月

夏天第一个月

6月：好时光

*

6月，日子好像一下子被拉长了。没错，这是一年中白昼最长的季节，我们有大把的时光可以挥霍。在遥远的北方，黑夜彻底消失了，白昼完全占领了那片区域。可是，没了黑夜，当地的居民们该怎么休息呢？这还真是个问题。

绿色的草地已经被五颜六色的花朵覆盖，大地变成了一块巨大的鲜花毛毯，在上面打个滚就能沾上满身香气。

6月21日是夏至日，也是一年中白天最长的一天。但从这天以后，白昼又会慢慢变短。时光就是这样，你还没来得及抓住，它已经悄悄溜走了。

"咔！咔！咔！"小鸟们从蛋壳里探出脑袋，正在打量自己的新家呢！

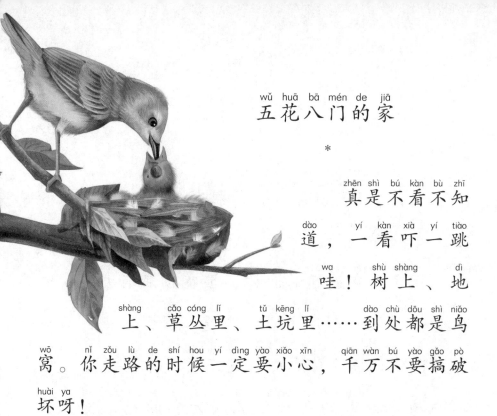

wǔ huā bā mén de jiā
五花八门的家

*

zhēn shì bú kàn bù zhī
真是不看不知

dào yí kàn xià yí tiào
道，一看吓一跳

wa shù shàng dì
哇！树上、地

shàng cǎo cóng lǐ tǔ kēng lǐ dào chù dōu shì niǎo
上、草丛里、土坑里……到处都是鸟

wō nǐ zǒu lù de shí hou yí dìng yào xiǎo xīn qiān wàn bú yào gǎo pò
窝。你走路的时候一定要小心，千万不要搞破

huài ya
坏呀！

zài gāo gāo de bái huà zhī tiáo shàng guà zhe de yí gè xiǎo lán zi zài
在高高的白桦枝条上挂着的一个小篮子在

fēng zhōng yáo yáo huàng huàng nà shì huáng yīng yòng yà má cǎo jīng xì
风中摇摇晃晃。那是黄莺用亚麻、草茎、细

máo hé róng máo jiàn chéng de jiā lǐ miàn hái yǒu jǐ kē niǎo dàn ne
毛和绒毛建成的家，里面还有几颗鸟蛋呢！

shì shí shàng dà duō shù niǎo xǐ huan ān wěn de jiā bǐ rú yún
事实上，大多数鸟喜欢安稳的家，比如云

què lín liù huáng wú jiù bǎ wō jiàn zài le cǎo cóng lǐ nà lǐ
雀、林鹬、黄鹀，就把窝建在了草丛里。那里

yǐn bì xìng hěn hǎo yě bú huì suí zhe fēng yáo huàng
隐蔽性很好，也不会随着风摇晃。

dà shù shì dòng gōng yù lóu měi gè shù dòng dōu shì yí gè jiā
大树是栋公寓楼，每个树洞都是一个家，

lǐ miàn zhù zhe shān què zhuó mù niǎo liáng niǎo hái yǒu wú shǔ tā
里面住着山雀、啄木鸟、椋鸟，还有鼯鼠。它

men dōu shì hǎo lín jū
们都是好邻居。

cāi cai cuì niǎo de jiā zài nǎ lǐ shù shàng cǎo cóng lǐ dōu
猜猜翠鸟的家在哪里？树上？草丛里？都

bú duì cuì niǎo de jiā zài dì xià hé yǎn shǔ lǎo shǔ huān
不对，翠鸟的家在地下，和鼹鼠、老鼠、獾、

huī shā yàn shì lín jū
灰沙燕是邻居。

fèng tóu pì tī de wō xiàng xiǎo chuán yí yàng zài shuǐ shàng piāo lái piāo
凤头䴙䴘的窝像小船一样在水上漂来漂

qù jì bú huì chén xià qù yě bú huì jìn shuǐ yīn wèi tā men de
去，既不会沉下去，也不会浸水，因为它们的

wō shì yòng yě cǎo lú wěi hé shuǐ zǎo zuò chéng de kě jiē shi le
窝是用野草、芦苇和水藻做成的，可结实了。

住宅大比拼

*

这些窝当中哪个最大？哪个最小？哪个最漂亮？哪个最结实呢？我们的记者不辞辛劳，做了个住宅大比拼。结果马上就揭晓！

最大的窝：鹰巢。鹰喜欢用结实的树枝，把窝建在粗壮稳当的松树上。

最小的窝：黄头戴菊鸟的窝。黄头戴菊鸟个头很小，它们的窝大概和人的拳头差不多大。

布局最巧妙的窝：鼹鼠窝。鼹鼠在窝里设计了许多条通道和进出口，就像一个大迷宫。

最精巧的窝：卷叶象鼻虫的窝。在产卵之前，卷叶象鼻虫会选择一片漂亮的白桦树叶，把叶脉啃下来，让叶片卷成一个圆筒，再用唾液把叶子粘住，就可以踏踏实实地在里面产卵了。

最方便的窝：石蚕蛾幼虫的窝。石蚕蛾的幼虫住在芦苇杆里，遇到危险的时候就把身体缩进去，谁也看不见。如果想搬家，就伸出腿来，背着房子到处跑。这样的窝又方便又安全，多好哇！

刺鱼和小老鼠的窝

*

见识了那么多的窝，我们再来看看刺鱼和老鼠的窝吧！

刺鱼的窝是由雄刺鱼亲手建造的，雄刺鱼对自己的家的要求非常高。首先，建筑材料必须是有分量的草茎。其次，房间要有墙壁、天花板和两扇门。最后，墙壁上的缝隙要用苔藓严严实实地堵住。这样的窝又美观又实用，雄刺鱼可是费了很大的心思呢！

同样费心思的还有一种狡猾的小老鼠，它竟然学着鸟的样子用草编成窝，挂在树枝上。乍一看，还真让人以为那是鸟窝呢。

多种多样的建筑材料

*

对于建筑材料的选择，动物们各有各的想法。

鸫鸟喜欢用腐朽的木头粉末涂抹屋子的内壁；燕子用自己的唾液做黏合剂，把泥土粘牢。

翠鸟使用的建筑材料你肯定猜不到，就是被人们丢弃的细鱼骨。这也难怪，它的窝在河岸附近，很容易受潮，铺上鱼骨就不用担心啦。

小懒虫们
xiǎo lǎn chóng men

*

当动物们都在忙着为自己建窝的时
候，有一些家伙却打起了鬼主意。

布谷鸟虽然总是提醒人们该下地干活了，
但它自己一点也不勤劳，连窝都懒得建，而是
把蛋产在别的鸟窝里。

林中白腰草鹬更会凑合，随便找个乌鸦废
弃不用的旧窝，将就着住下了。

一只麻雀不想费心思去寻找建窝的地方，
当雕把巢做好之后，它就在雕的巢上找个安全
的地方建个小家，让雕来当自己的保镖！

·学而思大语文分级阅读·

喜欢热闹的家伙

*

蜜蜂、黄蜂、熊蜂、蚂蚁喜欢热闹，不愿意孤零零地过日子，于是它们都搬进了公共宿舍。

白嘴鸦喜欢一群一伙地住在花园或林子里，叽叽喳喳的，好热闹！鸥鸟们则喜欢成群结队地住在沼泽或者铺满沙子的小岛上。而河岸断崖上那些密密麻麻的小洞是灰沙燕的公共宿舍，谁也数不清到底有多少住户。

9

蛋的秘密

*

世界上有各种各样的鸟，每种鸟都有自己的蛋。但这些蛋可不一样哟！

田鹬的蛋表面布满了斑斑点点，这是因为田鹬总是把蛋产在小草墩里，如果蛋是白色的，一眼就能被看见，太不安全了。而斑斑点点的蛋和小草墩混为一体，很难被发现。田鹬的个头不大，但产的蛋和鸳的蛋差不多大，并且一头是尖尖的。这是因为，田鹬的个头小，窝也小。如果蛋都是圆溜溜的，窝里就太挤了，田鹬小小的身子根本没办法把蛋完全盖在身子底下。而一枚尖的蛋能腾出不少的空间，完美地解决了这些问题。

歪脖鸟的蛋是白色的，稍微有点发红，但它一点也不担心安全问题，因为它常把蛋产在很深的洞里，本身就很隐蔽。

野鸭的蛋是很显眼的白色，它每次都会从肚子上拔下一些绒毛，把蛋盖起来，蛋就像穿上了隐身衣一样，谁也瞧不见啦。

11

森林里的新闻

狐狸的"诡计"

*

狐狸的洞穴塌了。它只好带着一家老小，去找獾帮忙。

"你的洞穴这么大，并且有许多个进出口，住在里面谁也不会妨碍谁。让我们搬进来住吧！"狐狸恳求道。

"不行！不行！你们狐狸臭烘烘的，还不讲卫生，我可不和你们住在一起。"獾的态度十分坚决，一点情面都不留。狐狸很生气，眼珠一转就想出了一个好办法。它躲在洞穴旁

边的灌木丛里，观察着獾的一举一动。当獾出去寻找食物时，狐狸钻进獾洞里，到处拉屎撒尿，还把吃剩下的兔子骨头扔到獾的床上。

过了一会儿，獾回来了。它一见屋子里的情形，立刻跳了起来："谁把我的家毁了？气死我啦！"獾很爱干净，无法忍受自己的家变成这样，于是气哼哼地搬走了。

狐狸高兴得手舞足蹈，赶紧把家人接过来。什么垃圾呀，臭烘烘的味道哇，它们才不在乎呢！

13

魔法师矢车菊

*

紫红色的矢车菊开花了，花的外层并不是花瓣，而是一朵朵不结籽的小花，长长的，还分着叉，多像一群舞者在伸着手臂跳舞哇！

而在这些舞者中间，有一些小管子，它们也是紫红色的，但颜色比外层的小花更深。躲在小管子里的是娇嫩的花蕊。矢车菊的花蕊为什么要躲起来呢？因为它们想为大家变个魔法。不相信吗？那就亲自试一试。用手指轻轻碰一下小管子，立刻就会有一团花粉撒出来，真有趣。

其实，矢车菊的魔法是变给昆虫看的。只要昆虫不小心碰一下紫红色的小管子，管口就会有花粉撒出来。昆虫乐不可支，准会跑过来吃个够。当它们离开的时候，身上一定会粘上几粒花粉，而它们却没有察觉，就带着花粉飞到了另一棵矢车菊上，一次伟大的授粉过程就这样完成了。

瞧见了吧，矢车菊变魔法是有目的的。

帕甫洛娃

神秘盗贼

*

近日，森林里出现了一个神秘的盗贼。它专门在夜间作案，并且手段非常高超。不管是天上飞的小鸟、树洞里的松鼠，还是草丛里的兔子，都逃不出它的魔爪。更可怕的是，它来无影，去无踪，谁都没看清过它的模样。曾经安静祥和的夜晚，现在成了森林居民的噩梦。

一天晚上，狍子一家正在林间空地上吃草。突然，一个黑影蹿过来把公狍扑倒了。母狍见状，急忙带着孩子们逃进了树林里。

第二天，母狍来寻找公狍，却只发现了它的两只角和四条腿。公狍就这样遇害了。

一头驼鹿也受到了攻击。"昨天晚上我看见那个黑影了，它落在我的后脖子上，足足有30千克重呢！"驼鹿想起那团黑影，吓得浑身发抖。

后来，我们的记者揭开了谜底：那个神秘盗贼是猞猁，它的样子像猫，但个头比猫大很多，比猫凶猛千百倍。它经常在夜间捕捉猎物，伤害了很多小动物。

真是一个好妈妈

*

我们的记者在林子里散步的时候发现了一个小草坑，那是夜鹰的窝。他刚想走近一点看个清楚，就被夜鹰妈妈发现了。夜鹰妈妈不安地叫了一声，拍拍翅膀飞走了。窝里只留下了两颗蛋。

夜鹰妈妈去哪儿了？它不管自己的孩子了吗？记者带着疑问，记下夜鹰窝所在的位置，悄悄离开了。但他心里惦记着那两颗夜鹰蛋，于是过了一会儿又回来了。糟糕，那两颗鸟蛋不见了。

是谁偷走了鸟蛋？林子里贪吃的盗贼多着呢！记者担忧极了。

出人意料的是，两天后，记者又在林子里的另外一个角落发现了那只夜鹰妈妈。它看见

·学而思大语文分级阅读·

记者，感到十分不安，赶紧把身子挪了挪，想把身子底下的蛋藏得严实一些。可是，它一动，记者就高兴地笑了："夜鹰身子底下藏着的，不正是几天前失踪的那两颗蛋吗？"原来，夜鹰妈妈没有逃走，而是去寻找一个更安全的地方，把孩子们接过来了。真是一个好妈妈。

了不起的刺鱼爸爸

*

前面说过，雄刺鱼建了一个像模像样的家。现在，这个家里终于迎来了一位女主人——雌刺鱼。雌刺鱼在这里住下来，不久以后就产下了一堆卵。雄刺鱼终于有个完整的家了，高兴得合不拢嘴。可是，一转身的工夫，雌刺鱼突然消失了。雄刺鱼只好又当爹又当妈，守护着孩子们。

之后，又来了几条雌刺鱼，但它们和之前那位一样，产下一堆卵，就消失了。雄刺鱼伤

心透顶，再也不想寻找新女主人的事了，把所有的心思都放在孩子们身上。这些鱼卵味道新鲜，营养丰富，那些馋嘴巴的家伙们早就开始流口水了。雄刺鱼必须提高警惕守护鱼卵。

这不，一条鲈鱼就不顾一切地冲进刺鱼家，直奔着鱼卵冲过去。雄刺鱼竖起身上的刺，朝着鲈鱼的脸猛刺过去。鲈鱼大叫一声，转身逃走了。

雄刺鱼真是好样的，勇敢地保护住了所有鱼卵！

勇敢的小刺猬

*

　　有一个叫玛莎的小女孩，遇到了一件非常可怕的事。

　　这天，她到山岗上摘了一篮子草莓，光着脚丫蹦蹦跳跳地往回走。突然，她的脚下一滑，从一个土堆上跌了下来。她的脚被什么东西刺了一下，火辣辣地疼，还在往外流血。玛莎四下里一看，原来是一只刺猬扎伤了她。她正要责怪刺猬，突然，一阵窸窸窣窣的声音从身后传来。

　　不好！一条长着"之"字形斑纹的蝰蛇正虎视眈眈地盯着玛莎。这种蛇含有剧毒，被它咬住就没命了。玛莎吓得浑身发抖，不知道怎么办才好。就在这时，刺猬跑到了玛莎和蝰蛇中间。蝰蛇一看来了个不怕死的家伙，立刻兴

fèn de shù qǐ shēn zi pū le guò qù　　cì wei bù huāng bù máng　　bǎ shēn
奋地竖起身子扑了过去。刺猬不慌不忙，把身

tǐ suō chéng yí gè cì qiú　　zhā de kuí shé xiān xuè zhí liú
体缩成一个刺球，扎得蝰蛇鲜血直流。

kuí shé chī le kuī　　zhuǎn shēn jiù yào táo zǒu　　cì wei què bù yī
蝰蛇吃了亏，转身就要逃走。刺猬却不依

bù ráo　　yì kǒu yǎo zhù le kuí shé de hòu nǎo sháo　　kuí shé pīn mìng de
不饶，一口咬住了蝰蛇的后脑勺，蝰蛇拼命地

zhēng zhá qǐ lái
挣扎起来……

mǎ shā zài yě méi yǒu dǎn liàng kàn xià qù　　gǎn jǐn yì qué yì guǎi
玛莎再也没有胆量看下去，赶紧一瘸一拐

de táo huí jiā le
地逃回家了。

燕雀回家了

*

我在院子里走着，脚下突然蹿出一只刚出窝的燕雀，它的头上还长着一撮尖尖的绒毛。

我把它放在了窗口的笼子里，不一会儿，它的父母就飞来给它喂食了。到了晚上，我把笼子拿进了屋里，关上了窗户。

早上五点左右，小燕雀的母亲又来了，它的嘴里含着一只苍蝇。我跳下床打开了窗，燕雀母亲便飞进了房间，跳到笼子跟前，开始给小鸟喂食，接着它又飞去寻找新的食物了。

我把小燕雀取出来，放到了院子里，过了不久，它便被它母亲带走了。

沃洛佳·贝科夫

小小预言家

*

　　喜欢钓鱼的人都会在玻璃罐子里养几条小鲈鱼，来预测钓鱼的收成。这是怎么回事呢？

　　鱼对水和空气的变化十分敏感，当天气好的时候，它们就会精神头十足，胃口也相当好。而下雨之前，它们则无精打采，闷闷不乐，连吃东西的劲头都没有了。钓鱼的人就是抓住了这个特点，在出门钓鱼之前，先给玻璃罐里的小鲈鱼一些食物，如果它们你争我抢吃得喷香，那天气肯定不错，河里的鱼也会胃口大开，很容易上钩。相反，如果小鲈鱼对食物提不起兴趣，那么不久之后可能会下雨，河里的鱼也不会来咬钩的，去了也是白忙活一场。

可怕的大象

*

天空中的乌云越聚越多，越来越厚。突然，乌云下面伸出一根长长的鼻子，变成了大象的模样。大象"呼呼"叫着，旋转着，把长长的鼻子伸到地上来。顿时，地上的尘土也跟着旋转起来，变成了一根柱子。大象卷着这根柱子狂妄地向前奔去。

呼呼呼——

大象来到湖的上面，用长鼻子不停地吸呀吸呀，把水中的青蛙、蝌蚪和小鱼都吸进了肚子里。它还是不满足，又旋转着来到城市上空。可是它吃得太多了，肚子撑得不舒服，只好又把东西全都吐出来。

哗啦啦——

一场瓢泼大雨从大象身上落下来，和雨水

一起落下来的还有青蛙、蝌蚪和小鱼。它们一落到地上就拼命地蹦啊跳啊，不知道是高兴还是害怕。

吐出了肚子里的东西，大象觉得轻松多了，身体也变得轻飘飘的。

看到这里，是时候揭开大象的真面目了。其实，它就是大名鼎鼎的龙卷风。

树木间的战争（三）

*

小白桦来势汹汹，但没坚持多长时间，就被云杉彻底消灭了。

之前的那块空地，已经彻底变成了云杉树的地盘。我们的记者可不想继续生活在它们的重压之下，赶紧收拾铺盖，搬到了另一个战场。那里的树木在前年已经被砍伐，现在新的战斗刚刚打响。

在这个战场上，野草要对付白桦树和山杨树，又是一场持久战。

野草努力向上生长，想用庞大的队伍阻止山杨树和白桦树生长。但它们的生长速度再快，也比不上山杨树和白桦树呀！山杨树和白桦树几乎每天都能长高一截，很快就冲破了野草编织的网。野草无论怎样努力，最终也只能盖住它们的脚背。

山杨树和白桦树伸展着枝杈，越长越高。宽大的叶子在空中手拉着手，织成了一个巨大的遮阴网。野草因为缺少阳光，不久就枯萎了。

山杨树和白桦树欢快地鼓着掌，大声宣布：

"我们赢了！"

29

nóng zhuāng lǐ de xīn wén
农庄里的新闻

xià tiān de wèi dào
夏天的味道

*

黑麦长得真快，几天不见，已经有四五岁的孩子那么高了。山鹑爸爸和山鹑妈妈带着孩子们在林子里散步、捉虫，幸福极了。那几只山鹑宝宝才出生不久，穿着黄色的衣服，活像一个个黄色的小绒球，真是可爱。

一股青草的味道从草场上飘来，原来是庄员们在忙着割草呢！他们有的用手割，有的开着割草机，一个个忙得热火朝天。奶牛和绵羊闻见了青草的味道，兴奋地跺着脚，恨不得

mǎ shàng jiù chōng guò lái kěn shàng jǐ kǒu
马上就冲过来啃上几口。

cài dì lǐ dà rén men yǐ jīng bǎ yáng cōng bá chū lái le hái
菜地里，大人们已经把洋葱拔出来了，孩
zi men zhèng zài máng zhe bǎ tā men bān dào chē shàng qù tā men bào zhe yáng
子们正在忙着把它们搬到车上去。他们抱着洋
cōng nǐ zhuī wǒ gǎn gēn bǐ sài shì de
葱你追我赶，跟比赛似的。

bān wán yáng cōng hái zi men jiù kuà zhe lán zi guāng zhe jiǎo
搬完洋葱，孩子们就挎着篮子，光着脚
yā bèng bèng tiào tiào de dào lín zi lǐ qù zhāi jiāng guǒ cǎo méi yǐ jīng
丫，蹦蹦跳跳地到林子里去摘浆果。草莓已经
shú tòu le hái zi men yì biān zhāi yì biān chī yào duō kuài huo yǒu duō
熟透了，孩子们一边摘一边吃，要多快活有多
kuài huo
快活。

hēi guǒ yuè jú fù pén zǐ yě kuài chéng shú le sēn lín lǐ dào
黑果越橘、覆盆子也快成熟了，森林里到
chù dōu shì tián zī zī de wèi dào
处都是甜滋滋的味道。

31

牧草告状

*

牧草哭哭啼啼地对大自然法官说："我们刚开花，庄员们就把我们齐根割下来。太残忍了。"

"我们是为那些牲口着想啊！"庄员们耐心解释道，"到了冬天，没有新鲜的牧草了，牲口们就得挨饿。所以我们必须在牧草生长最旺盛的时候，把它们割下来进行储存。开花以后，牧草的味道就不新鲜了。"

原来是这样啊！牧草原谅了庄员们，一场官司就这样轻松了结了。

会变色的亚麻地

*

清晨，亚麻开出了蓝色的小花，远远望去，整片亚麻地就像是一块蓝色的地毯。

两个女孩穿过亚麻地去洗澡。可是她们回来的时候，却怎么也找不到那片蓝色的亚麻地了。因为找不到路，她们在干草垛上等了好久，才被庄员们找到。

庄员们笑着说："亚麻早晨开蓝色的花，到了中午花都凋谢了，亚麻地就变成了绿色，所以下午是找不到蓝色的亚麻地的。"

狩猎故事

菜园子里的不速之客

*

最近，菜园子里出现了许多跳甲虫，它们的背上有两道白斑，非常好认。别看它们个头不大，对蔬菜的危害却不小。如果没有及时处理，它们很快就能把所有的蔬菜叶子变成筛子，让叶子上布满无数个小洞。更可怕的是，跳甲虫的幼虫们专门藏在看不见的地方，咬蔬菜的根。它们这样联手行动，蔬菜就死定了。

但庄员们怎么会眼睁睁地看着不管呢？

他们把小旗子系在木棍上，再把小旗子的两面涂满胶水，拿着它在菜地里走过来，走过去。好奇的跳甲虫们被吸引着，跳到小旗子上，一下子就被粘住了。这种方法简单实用，也没有毒害性，但只适用于跳甲虫数量不多的情况。

如果跳甲虫太多，并且蔬菜种植面积很大，就必须动用飞机播撒草木灰、烟灰或熟石灰。这样做，既不会对蔬菜造成伤害，还能驱除跳甲虫，是非常环保的灭虫方法。

千万不要被骗了

*

在菜地里经常会看见一些蛾子，它们长着一对小巧的翅膀，飞到西，飞到东，轻盈又可爱，多讨人喜欢啊！

如果你也是这样想的，我要郑重地提醒你：大错特错，千万不要被蛾子们给骗了！它们最擅长用柔弱的外表迷惑人们，事实上，它们对蔬菜的杀伤力比跳甲虫还大，尤其是菜粉蝶、芜菁粉蝶、菜螟蛾、菜夜蛾和菜蛾。这些小家伙们最爱干的就是神不知鬼不觉地，把成堆成堆的卵产在菜叶上。用不了多久，卵里就会孵化出毛毛虫来。毛毛虫个个都是大肚汉，分分钟就能把菜叶啃光，真叫人恨得牙痒痒。

要对付这样的害虫，必须提前下手。只要一看到成堆的虫卵，就要想办法把它们弄碎，一点也不能手软。除此以外，也可以像对付跳甲虫一样，采用撒灰的办法，效果也非常不错。

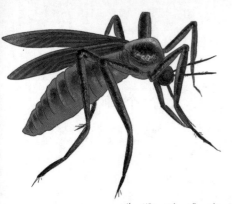

mieè wén dà zhàn
灭蚊大战

*

夏天最惹人讨厌的，就是蚊子。普通的蚊子还好，就算被它们叮了，也只是在皮肤上起个大包，痒上三两天就没事了。如果被疟蚊叮了，麻烦可就大了。因为疟蚊的口器（节肢动物口周围的器官）上粘着有毒的微生物，会让人中毒。

不过，单凭肉眼分辨不出到底是哪种蚊子，所以不要犹豫，果断对所有蚊子开战吧！

灭蚊的方法有许多种，比如直接用手拍，或者用蚊香、捕蚊灯等，但这些方法太慢了，远远赶不上蚊子的繁殖速度。因此，最好的灭蚊方法就是直接杀死蚊子的幼虫——孑孓。

孑孓的身体又细又长，像小小的毛毛虫。

它们不会飞，只能生活在沼泽、池塘等不会流动的死水中。所以只需要往水中倒上一些煤油(煤油会在水面形成一层密不透风的膜)，让孑孓无法呼吸，过不了多久它们就会被憋死。住在沼泽附近的人，经常使用这种方法。

打蚊子的新方法

*

寂静的夜晚，一栋楼房里突然响起了枪声。

砰砰砰！枪声从每个房间里传来，吓得人心惊胆战。

哈！别担心，这是楼里的居民们正在打蚊子呢，不过他们用的不是蚊香，也不是捕蚊灯，而是霰弹枪。

原来这座楼是国立达尔文自然保护区的楼房，它坐落在雷滨海中间的岛上。与其他的海不一样的是，雷滨海的水是淡的，所以引来大群蚊子在这里安家落户，生儿育女。这里简直成了蚊子们的乐园。

可是这样一来，住在楼里的居民们可就遭殃了，不但被蚊子咬了满身红包，奇痒无比，还要忍受它们无休无止的骚扰。最后他们忍无可忍，才想出用枪打蚊子的方法。先把少量火药装进弹壳里，堵上填弹塞，再把杀虫粉装进弹壳里。只要轻轻扣动扳机，杀虫粉就从枪管里射出来，像下雨一样落在房间的各个角落里。过会儿你再看，蚊子尸体躺了一地。这可比蚊香什么的厉害多了。

为小母牛报仇

*

一头小母牛被野兽咬死了，两个年轻的猎人认为这是熊干的，于是他们在牛舍边搭了一个窝棚，要在这里等着凶手。

"不对，这不是熊干的。"经验丰富的塞索伊奇绕着小母牛的尸体转了几圈，走进了树林里。

那两个年轻的猎人并没理他，还在继续等。转眼三天过去了，熊还是没有出现。两个年轻的猎人沉不住气了，想去林子里转转。这时，塞索伊奇背着一个大口袋回来了，口袋里装着一只猞猁。

"咬死母牛的是这只猞猁。母牛周围的脚印上没有爪印，说明野兽走路的时候是把爪子收起来的。哪种野兽会如此狡猾呢？"

"狼。"

"狼走路的时候会把爪子收起来。可狼的脚印大而窄，现场的脚印却是圆圆的，那么答案就只有猫。而能把母牛咬死的猫科动物，就只有猞猁了。"

两个年轻的猎人听得心服口服。

幸福育雏月

夏天第二个月

7月：盛夏时节

*

太阳把全身的光和热播撒到大地上，一直等到很晚很晚才依依不舍地离去。

黑麦和小麦被晒成了金黄色，像一粒粒珍贵的金子。草场上出现了一座座绿色的小山，那是庄员们为牲畜储备的草料。

平日里叽叽喳喳的鸟突然变得安静了，原来，它们在精心照顾鸟宝宝呢！

森林里，草莓、黑莓、越橘都成熟了，正等着孩子们把它们摘下来。

大部分花都被晒得蔫巴巴的，白色的洋甘菊却像小勇士一样尽情绽放。"怕什么呢，再厉害的阳光都会被我的白色花瓣反射掉。"洋甘菊得意地挺着胸膛说。

森林里的小宝宝
sēn lín lǐ de xiǎo bǎo bao

跟我一起来数数
gēn wǒ yì qǐ lái shǔ shù

*

最近，森林里出生了许多小宝宝。现在跟
zuì jìn sēn lín lǐ chū shēng le xǔ duō xiǎo bǎo bao xiàn zài gēn

我一起来数数究竟有多少小宝宝吧！
wǒ yì qǐ lái shǔ shǔ jiū jìng yǒu duō shǎo xiǎo bǎo bao ba

1头小驼鹿，2只小白尾雕，5只小黄雀，5只
tóu xiǎo tuó lù zhī xiǎo bái wěi diāo zhī xiǎo huáng què zhī

苍头燕雀，5只黄鹂，还有12只小长尾山雀和20
cāng tóu yàn què zhī huáng wú hái yǒu zhī xiǎo cháng wěi shān què hé

只小灰山鹑。
zhī xiǎo huī shān chún

你已经数完了吗？不，水里还有呢！
nǐ yǐ jīng shǔ wán le ma bù shuǐ lǐ hái yǒu ne

100条小刺鱼，几十万条小欧鳊鱼，还有100
tiáo xiǎo cì yú jǐ shí wàn tiáo xiǎo ōu biān yú hái yǒu

多万条小小的大西洋鳕鱼，简直多得数不过来。
duō wàn tiáo xiǎo xiǎo de dà xī yáng xuě yú jiǎn zhí duō de shǔ bú guò lái

不一样的命运

*

并不是所有的小宝宝都能得到妈妈的照顾，因为它们的数量实在太多了，比如欧鳊鱼和大西洋鳕鱼，一次就能产下几十万颗卵。妈妈们照顾不过来，只好忍痛割爱，让孩子们自生自灭。

和上面的小宝宝相比，小驼鹿就幸福多了。因为它是妈妈唯一的孩子，所以能得到妈妈所有的爱。如果有谁胆敢欺负小驼鹿，驼鹿妈妈一定会奋不顾身地扑过去和它拼命，就算对手是凶猛的熊，它也不会退缩。

zuì qín láo de jū mín
最勤劳的居民

*

rú guǒ yào píng xuǎn chū sēn lín zhōng zuì qín láo de jū mín　　niǎo
如果要评选出森林中最勤劳的居民，鸟

lèi yí dìng huì yíng dé guàn jūn　　bú xìn jiù lái kàn kan xià miàn zhè zǔ
类一定会赢得冠军。不信就来看看下面这组

shù jù ba
数据吧！

liáng niǎo měi tiān gōng zuò　　xiǎo shí
椋鸟每天工作17小时；

chéng lǐ de yàn zi měi tiān gōng zuò　　xiǎo shí
城里的燕子每天工作18小时；

yǔ yàn měi tiān gōng zuò　　xiǎo shí
雨燕每天工作19小时；

hóng wěi qú měi tiān gōng zuò　　duō gè xiǎo shí
红尾鸲每天工作20多个小时。

yě jiù shì shuō　　tā men yì tiān zhōng dà bù fen shí jiān dōu zài
也就是说，它们一天中大部分时间都在

gōng zuò　　suǒ yǐ bǎ guàn jūn de jiǎng bēi bān gěi tā men shì zuì hé shì
工作，所以把冠军的奖杯颁给它们是最合适

·学而思大语文分级阅读·

的。那么鸟类为什么都这么勤快呢？那是因为它们要喂饱自己的孩子。

原来，鸟爸爸和鸟妈妈每次只能用嘴巴运送很少的一点食物，而鸟宝宝胃口很大，所以爸爸妈妈每天都要来来回回运送好多次，才能把鸟宝宝喂饱。这样说太笼统了，我们还是接着看数据吧！

雨燕要喂饱孩子，每天需要往返30~50次；

椋鸟需要往返200次；

城市里的燕子需要往返300次；

红尾鸲则需要450次。

多么令人触目惊心的数字呀！鸟爸爸和鸟妈妈辛苦啦！

驻林地记者　斯拉德科夫

49

性格各异的小家伙

*

人的性格各不相同，鸟宝宝也是如此。

小鸳鸟温顺可爱，是爸爸妈妈的掌上明珠。它只要昂着脑袋叫上几声，爸爸妈妈就会把可口的食物喂到它嘴里。所以，它享清福就行。

小田鹬活泼好动，刚刚破壳而出，就迈着步子自己找蚯蚓吃了。

小山鹑的情况和小田鹬差不多，一出生就跑跑跳跳，你永远见不到它安安静静的样子。

小秋沙鸭是个急性子，还没站稳脚跟，就急急忙忙地往河里跑。一钻

进水中，它立刻变成游泳健将，快活地游起来。它会扎猛子，还会像爸爸妈妈那样挺起身子伸个懒腰。如果不是亲眼看见，谁都不会想到它是刚刚出生的呢！

小旋木雀总是懒洋洋地待在窝里不肯出来。旋木雀妈妈狠心地把它从窝里赶了出去，但它也只是站在木桩上，可怜巴巴地望着妈妈，等着妈妈把食物喂到嘴里。真是懒到家了。

51

奇怪的鸟

*

近日，有人看见了一些奇怪的鸟。它们有什么奇怪的地方呢？请继续往下看：

首先，这种鸟的胆子特别大，就算你走到它跟前，它都不躲也不藏，该干什么还干什么，一点也不害怕。

其次，其他鸟都是雄鸟的羽毛颜色亮丽，雌鸟则灰不溜秋的。而这种鸟恰恰相反，雌鸟的羽毛五彩缤纷，十分漂亮，而雄鸟却全身灰溜溜的。

最后一点，也是最让人称奇的地方。这种鸟的雌鸟产下蛋之后，就扬长（大模大样离开的样子）而去，继续过自由自

52

在的生活了。雄鸟却留下来，担负起孵蛋和哺育小鸟的任务。所以，我要提醒你们：如果看见鸟在窝里孵蛋，不要盲目地说那就是鸟妈妈呀，说不定它是鸟爸爸呢！

刚刚吊足了你们的胃口，现在我就来为大家揭秘吧！这种奇怪的鸟名叫瓣蹼鹬，是一种活泼好动的鸟，它还非常喜欢跳舞呢。

森林里的新闻

冒牌宝贝

*

6只鹡鸰宝宝出生了，它们的身体光溜溜的，而且软软的——哎呀，怎么有一只宝宝长得不太一样呢！它的脑袋有点大，皮肤很粗糙，眼睛鼓鼓的，嘴巴也出奇得大，分明就是一只丑八怪。

第二天，爸爸妈妈出去寻找食物了。丑八怪悄悄来到一个兄弟身边，猛地一撅屁股，把它从窝里撞了出去。可怜的小鸟，还没弄明白怎么回事就被害死了。

接下来，丑八怪每天都用相同的手段残害兄弟姐妹，到最后，窝里就只剩下它自己了。

爸爸妈妈不但没怀疑过丑八怪，还把全部的爱都给了这个幸运的孩子。

12天后，小丑八怪的羽毛长出来了，爸爸妈妈才发现，它根本不是自己的孩子，而是布谷鸟的孩子。但它们并没有计较，继续抚养着这个冒牌宝贝。

转眼，秋天到了，小布谷鸟长大了。它展开翅膀，头也不回地离开了鹟鸲爸爸和鹟鸲妈妈，连再见都没说一声……

55

小保姆

*

天气有点热，得帮熊宝宝们洗洗澡了。

熊妈妈带着熊哥哥和两个熊弟弟来到了河边，但它没有亲自动手，而是悠闲地在旁边看着。原来熊哥哥自愿当起小保姆，要给两个弟弟洗澡。

它先用牙齿叼起一只熊弟弟的脖子，把它轻轻地放进小河里，直到洗得干干净净，才放开它。

接下来，轮到另一只熊弟弟了。这只熊弟弟不喜欢洗澡，扭头就往回跑。熊哥哥紧追两

56

步把它叼回来，放进了水中。

不好，熊哥哥的嘴一松，熊弟弟掉进水里了。"妈妈，救命啊！"熊弟弟拼命呼喊起来。

熊妈妈吓坏了，赶紧跑过来把熊弟弟拖到岸上，还气急败坏地打了熊哥哥一记耳光，熊哥哥觉得特别委屈，嗷嗷叫起来。

但是没过多长时间，熊哥哥就忘记了刚才的不愉快，和弟弟们打打闹闹地跑进森林，一起回家了。

蚊子的遭遇

*

一只蚊子在空中飞得口渴了，它低头一看，地上正好有一片红色的植物，高高地挺立着，看上去又新鲜又水灵。蚊子飞过来，闻到一股淡淡的香味，再靠近点一看，这棵植物长得真是奇怪：叶片其实是绿色的，四周有许多红色的小茸毛，茸毛上面挂着亮晶晶的露珠，多像天上的小星星啊！

蚊子馋得直流口水，赶紧把尖尖长长的嘴巴插进露珠里，用力吸起来。哎呀，怎么回事？这些露珠黏黏的，把它的嘴牢牢地粘住了。哎呀，原来它上当了，这并不是可口的露珠，而是危险的黏胶。蚊子挣扎起来，但它的身体一动，那些细细的茸毛突然活了，像手一样伸过来，抓住了蚊子。接着，整片叶子闭合了，把蚊子整个儿包裹起来。

过了一会儿，叶子重新张开。但蚊子的血已经被吸干，变成了一具空空的躯壳。

原来，这只蚊子碰到的是一种专门捕食小昆虫的茅膏菜。

长错了地方

*

两只青蛙跳进池塘里，发现那里有一只北螈。

"它长得可真丑。"

"它没资格待在这么美丽的池塘里。"

"我们去教训教训它。"

"好，就这么干！"

两只青蛙一只抓住北螈的尾巴，另一只抓住它的一条腿，用力一拉，把它的尾巴和腿拉下来了。但是北螈并没有死，而是趁机逃走了。

过了几天，那两只青蛙看见了一只怪物。

它长得有点像北螈，但长尾巴的地方长着一条腿，长腿的地方却长着一条尾巴。

这个怪物一看见两只青蛙，撒腿就跑。

两只青蛙仔细一瞧，原来它就是之前那只北螈哪，可是它怎么会变成这副怪模样呢？

事实上，北螈的尾巴和腿有再生的能力。

可是有时候它的身体不听话，就会乱长起来，比如尾巴长在腿的地方，而腿却长在了屁股上，看起来怪怪的。

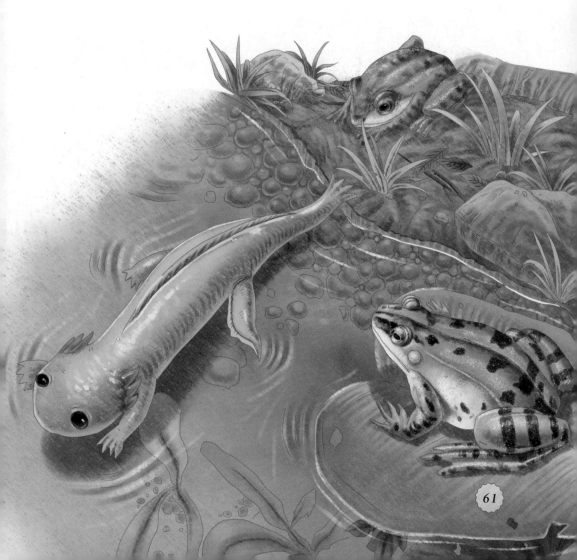

森林火灾

*

森林起火的原因大致分为两种：一种是遭遇闪电袭击，一种是由于人的疏忽，比如随意扔掉未熄灭的烟头或火柴，或者没有完全把篝火熄灭就离开。这些不经意的小动作，都可能给森林带来巨大的灾难。

哪怕一个不起眼的小火苗，遇到干燥的树枝或叶子，都会迅速燃烧起来，并迅速向周围蔓延（像蔓草一样向周围扩展）。

如果火势很小，可以用树枝扑打把火熄

灭。如果手上有铁锹这样的工具，就铲起周围的泥土或草皮压在火上，阻止火势蔓延。但是万一火苗窜到树上，就会变成熊熊烈火，威胁人的生命。所以这个时候，千万不要自己冒险，应该去找别人帮忙，并且快速报警。

任何一场大火，都会给森林带来不可估量的灾难。闪电引起的火灾没办法预防，但我们可以时刻提醒自己不要粗心大意，不做森林的破坏者。

nóng zhuāng lǐ de xīn wén
农庄里的新闻

shōu gē de jì jié
收割的季节

*

shōu gē de jì jié dào le zhè shì nóng zhuāng lǐ zuì huān kuài de
收割的季节到了，这是农庄里最欢快的

shí kè
时刻。

hēi mài hé xiǎo mài chéng shú le chén diàn diàn de mài suì zài fēng zhōng
黑麦和小麦成熟了，沉甸甸的麦穗在风中

yáo bǎi zài dà dì shàng yǒng qǐ jīn sè de mài làng zhuāng yuán men lū qǐ
摇摆，在大地上涌起金色的麦浪。庄员们撸起

xiù zi zhǔn bèi dà gàn yì cháng
袖子，准备大干一场。

zài lìng yí kuài tián lǐ nán zhuāng yuán men zhèng jià shǐ zhe bá yà
在另一块田里，男庄员们正驾驶着拔亚

má jī shōu gē yà má bàn suí zhe hōng lōng lōng de xiǎng shēng yì pái pái
麻机收割亚麻。伴随着轰隆隆的响声，一排排

yà má zài bá yà má jī shēn hòu dǎo xià lái nǚ zhuāng yuán men gēn zài hòu
亚麻在拔亚麻机身后倒下来。女庄员们跟在后

·学而思大语文分级阅读·

面，先把亚麻打成捆再垛起来。不一会儿，亚麻垛就堆满了整片田野。

刚收完亚麻，收割机就唱着歌，轻轻松松又把黑麦割完了。负责把黑麦打捆堆起来的是男庄员们，他们干起这些活来非常轻松，很快就堆起了一座座小山似的麦垛。

麦田里的活刚刚结束，庄员们又马不停蹄地来到了菜地，把刚刚成熟的胡萝卜、甜菜运到火车上，让火车把它们送到城市去。

林子里到处都是鲜嫩的蘑菇、香喷喷的马林果和越橘。孩子们一边吃一边摘，忙得不亦乐乎。

能干的小帮手

*

每年的这个时候，农场上到处都可以看见孩子们忙忙碌碌的小身影。

上午他们还在用耙子把散落的干草聚在一起，然后装上卡车；下午他们就去亚麻田和土豆田里拔草；黑麦收割完了，孩子们又忙着捡拾落下的麦穗，不让一粒粮食浪费。他们可真是能干的小帮手哇！

不一样的土豆田

*

记者来到农庄采访，发现了一件怪事：农庄里的两块土豆田，一块是绿色的，另一块却是黄色的，叶子也有些枯萎了。"难道这块田里的土豆生病了吗？"记者问庄员。

庄员笑着说："发黄的土豆是早熟的土豆，现在就可以挖了。而绿色的土豆长得正旺盛，还没到成熟的时候呢，所以叶子还是绿油油的。"

原来是这么回事呀！记者心里的困惑终于消除了。

来自远方的消息

*

一天，我们乘着船来到比安基岛上。看到"比安基"三个字，你是不是觉得很熟悉？没错，我们《森林报》的作者就是维塔里·比安基先生，而这座小岛恰好是以他父亲的名字命名的，多么奇妙的巧合呀！

正因为这样，我要向你们介绍一下比安基岛。它是由岩礁、漂砾和片石堆积而成的，岛上点缀着一些白色或黄色的小花。

岛上岩石的向阳面生长着一层苔藓，短短的，像一簇簇的小蘑菇堆积在一起，看得人直流口水。

比安基岛是鸟类的天堂，岛上有多少只鸟，我可数不清。因为实在是太多了，有野鸭、大雁、天鹅、潜水鸟、海鸥和海鸠等等，三天三夜也说不完。除了鸟以外，这里还有很多小兽，比如肥嘟嘟的旅鼠、馋嘴的北极狐、凶猛的北极熊等等。对于鸟兽来说，比安基岛就是一个快乐的栖息地。

远航的领航员：基里尔·马尔德诺夫

狩猎故事

心惊肉跳

*

夏季的晚上，在屋子外面乘凉的时候一定要做好心理准备，不知什么时候，一阵怪叫声就会突然响起来。

那声音是从不远处的林子里传来的，但有时它也会出现在阁楼里或者屋顶上。像是笑声，但一点也不好听，反而听得人头皮发麻。

伴随着吓人的笑声，一双绿色的眼睛从远处飞来，在眼前一闪而过。人们这时才看清楚，原来那并不是什么妖魔鬼怪，而是猫头鹰。

·学而思大语文分级阅读·

强盗

*

瞧瞧那些猛禽们都干了些什么吧！

老鹰叼走了跟在母鸡屁股后面的小鸡，鹞鹰抓走了篱笆上的公鸡，隼一爪子要了鸽子的命，抓着它逃得无影无踪。

"强盗！都是强盗！"

居民们气红了眼睛，把猛禽们全都打了下来。

可有些猛禽是老鼠的天敌，没有了它们，老鼠哇、野兔哇就会大摇大摆地来田里吃庄稼了。仔细想想，真不划算。

71

敌人还是朋友

*

有些猛禽对人类有害，有些对人类有益，所以在猎杀之前，要先分清哪些猛禽是朋友，哪些是敌人。

大多数的猫头鹰和鸮喜欢捕捉田鼠，它们是保护庄稼的好帮手。只有个别的种类，比如雕鸮和林鸮有时会攻击家禽，但它们全都是捕鼠专家。

鸢鹰的个头只比鸽子大一点，但它心狠手辣。如果肚子饿了，它连比自己大的猎物都敢攻击。

老鹰的胆子就没有那么大，它只喜欢趁人不注意，捉走小鸡。如果没有机会，它就去林

子里寻找一些动物的尸体填饱肚子。

体型较大的隼喜欢捕杀在空中飞行的猎物，比如鸽子或小鸟。而体型较小的隼大多数是益鸟，比如红隼经常悬在田野的上空，一边抖动翅膀一边瞪着眼睛寻找田鼠和蝗虫，是我们人类的朋友。

而雕虽然也捕食老鼠，但它们会伤害幼小的牲畜，危害要大一些，就归到敌人那一类吧！

捕猎大法

*

对于有害的猛禽，一定不要手软，应该想办法捕杀。

最简单直接的方法，就是悄悄凑到猛禽的窝边近距离射击，不给猛禽攻击的机会。但它们的鸟巢大多建在山崖上或者丛林里，很不容易找到。

对付雕和鸮鹰，要学会等待。当它们从鸟巢里出来，站到树枝或草垛上寻找猎物的时候，给上一枪。如果你的枪法没问题，就会有收获。

有些猛禽喜欢在白天活动，对付它们，猎人早就想到了好办法：把一棵枯树埋在小土丘上，再把一只雕鸮绑在枯树的树枝上。做好这些以后，猎人就会在不远的地方埋伏起来。过不了多长时间，鸮鹰或隼发现了雕鸮，就会扑过来准备捕猎。雕鸮被绑着不能动，只能在树枝上乱叫乱啄。鸮鹰或隼被激怒了，一门心思对付雕鸮，根本注意不到躲在暗处的猎人。就这样，猎人不费吹灰之力，就能一枪打中它们，大获全胜。

大干一场

*

现在小鸟和小兽们都长大了，正是捕猎的好时候。猎人们摩拳擦掌（形容战斗、竞赛或劳动前精神振奋的样子），准备大干一场。

5日傍晚，猎人们就跟商量好了似的，全都扛着猎枪带着猎犬搭上了去乡下的火车，把车厢挤得满满当当。

好奇的旅客们打量着这些猎犬，有白色的、黄色的、黑色的、咖色的；带斑点的、带花纹的；长毛的、短毛的……品种还真不少。这些猎犬都经过训练，现在终于可以大展身手了。

猎人们在车厢里谈论着打猎的事，一个个神采飞扬，那样子仿佛自己是个大英雄。

第二天，陆陆续续有一些猎人回来了。他

们还是带着猎犬搭上火车，但神态却完全不一样，一个个耷拉着脑袋垂头丧气的，因为他们空欢喜一场，什么也没猎到。

只有一个猎人背着鼓鼓囊囊的背包上了车，看起来收获不少。不过还是有眼睛尖的旅客发出了疑问："你的猎物的爪子怎么是绿色的？"说着，将他的背包掀起了一个角，却发现哪里是什么猎物，而是一堆云杉树树枝。

学习
本领月

夏天第三个月

78

8月：成熟的季节

*

进入8月，太阳的光芒不像之前那么强烈了。

草地上的花朵五彩缤纷，淡蓝色和淡紫色的花成了草地上的主角。

水果蔬菜吸足了阳光和雨水，长得水灵又饱满，正等着庄员们来采摘呢！沼泽池里的蔓越橘已经熟透了，每天伸着脖子朝远处张望，盼着馋嘴的孩子们早点来采摘。和蔓越橘一样心急的还有花楸，成堆成堆的果实挂满枝头，树枝都快被压弯了。

小蘑菇躲在角落里，生怕阳光照在自己身上。它们不喜欢太阳，甚至还有点害怕，那就随它们吧！

树木已经停止生长，正在储存阳光和能量，为即将到来的秋天和冬天做准备呢。

刻苦训练

*

小黑琴鸡长大了，正在跟着爸爸学习本领。

爸爸在前面做示范，小黑琴鸡认真地看着。爸爸伸着脖子咕咕叫，小黑琴鸡也学着爸爸的样子叫起来。看它学得有模有样，爸爸高兴地说："好好练吧，学会了这个本领，才能找到新娘子。"

在空中，小鹤们也在刻苦练习。它们今天要学习在飞行中保持"人"字形。以后还要飞到很远很远的地方，掌握了这个本领，能省不少力气。所以，小鹤们学得非常认真，老鹤们也教得非常用心，还提前排好了队形：经验最丰富的老鹤在最前面，年轻力壮的排在老鹤身后，小鹤们则一个接一个地跟在队伍最后。

它们飞过树林，来到田野上。小鹤们欢呼起来："太棒了，可以休息啦！"

"训练才刚刚开始，"老鹤严肃地说，"你们还要学习跳跃、旋转和嘴抛石子，这些本领以后都用得着。"

蜘蛛飞起来了

*

蜘蛛会飞？我可没骗你们。不过它们靠的不是翅膀，而是蛛丝和风。

看哪，聪明的蜘蛛开始行动了：它先在地面和树枝之间织了一个大网，然后再不停地吐丝，把全身包裹住。

接下来，就静静地等着风来吧！

"呼呼呼！"风越来越大，蜘蛛网随着风飘起来，又落回去。

"时机到了。"蜘蛛紧跑两步，一口咬住蜘蛛网上的一根蛛丝，跟着蜘蛛网一起随风摇摆。

"哈！成功了！我飞起来了！"蜘蛛乐得心花怒放。

可是过了一会儿，它玩够了，开始发起愁

来：降落在哪里好呢？

管不了那么多了，尽管往下落吧！当风将蜘蛛吹起来的时候，它快速地把蛛丝绕成一个小球，慢慢落到草地上。

"真好玩。"蜘蛛把这个游戏告诉伙伴们，大家都玩起了飞翔的游戏。

森林里的新闻
sēn lín lǐ de xīn wén

森林里的小卫兵
sēn lín lǐ de xiǎo wèi bīng

*

黄色的柳莺是森林里的小卫兵。

有一次，小鸟们正在休息，一只白鼬偷偷摸摸地爬过来了。看着这些小鸟，白鼬馋得口水都快流出来了。它轻轻地迈着步子，朝着鸟巢，越走越近。

这时，小卫兵柳莺发现了敌情，急忙呼喊起来："伙伴们，小心白鼬！"

小鸟们听到警报，全都飞走了，白鼬气得干瞪眼。

还有一次，一只柳莺发现树桩上有一个树菇。它想检查一下树菇有没有被害虫摧残，树菇却突然睁开了眼睛。

"天哪，原来那不是树菇，是猫头鹰！"柳莺急忙给伙伴们发警报，"这里有猫头鹰，大家要小心。"

"可恶的猫头鹰又来欺负我们！"小鸟们愤怒地冲过来。

要是在晚上，这对于猫头鹰来说根本不算什么。可现在是白天，它的眼睛几乎什么也看不见，如果再待下去，只能挨打。于是，它赶紧拍拍翅膀飞走了。

胆小鬼

*

一天晚上，猎人走在回家的路上，听到燕麦田里传来奇怪的声响。他定睛一看，一头熊正抱着燕麦麦穗，津津有味地吸里面的汁液呢！

"不能让熊祸害大家的庄稼。"猎人举起猎枪，忽然发现只有一颗霰弹了。这种子弹对熊来说威力太小了，根本起不了作用。可是，也不能眼睁睁地看着熊糟蹋庄稼不管哪！猎人情急之下，朝着天空开了一枪，想把熊吓跑。

果然，熊听见枪声，吓得连滚带爬地钻进了森林里。猎人这才安安心心地回家了。

第二天，猎人回到那块燕麦田，发现在熊逃跑的路上有很多熊的粪便。他跟着粪便一直往前走，走着走着，突然发现那头熊倒在地上，早已经断了气。猎人仔细检查熊的身体，一处伤口也没有，那它怎么死了呢？只有一种可能：这只熊是个胆小鬼，被枪声吓死了。

美味蘑菇

*

如果你喜欢吃蘑菇，那就等雨停后到森林里去走走吧！

松林里有美味的白蘑菇，它们一般长在路边的小草丛里，身体矮矮的、胖乎乎的，头上顶着一把厚厚的深咖啡色大伞，一眼就能认出来。白蘑菇小的时候更讨人喜欢，远远看上去，就像哪个粗心的人不小心把线团丢到草地上一样，呆萌又可爱。

除了白蘑菇以外，松林里还有棕红色的松乳菇。和白蘑菇不同的是，松乳菇的伞盖中间部分是凹进去的，边缘却向上卷起来，像是一把被风吹翻的伞。松乳菇的味道十分鲜美，总是把

88

馋嘴的虫子吸引过来，在伞盖上咬出许多洞。

云杉林里也有白蘑菇和松乳菇，但它们和松林里的不一样。

云杉林里的白蘑菇有点发黄，并且个子又细又高。而松乳菇呢，它是蓝色的，微微有点发绿，伞盖上的纹路像是水中的波纹，一圈一圈的，又像是老树墩上的年轮。

擦亮眼睛

*

说到蘑菇，我一定要提醒你：有些蘑菇是有毒的，采摘食用的时候一定要擦亮眼睛，仔细辨认。

千万不要仅凭颜色分辨是不是毒蘑菇，因为有些毒蘑菇也是淡白色的，和美味的白蘑菇的颜色非常相似。但这种毒蘑菇一般都含有剧毒，人吃了以后连医生也救不活。但也不用太担心，这种毒蘑菇还是能分辨出来的。

这种有毒的白蘑菇伞柄上端非常细，好像被人故意捏过似的，并且还带着一圈一圈的小脖套。再往上看，它的伞盖上有白色的裂纹。记住这些特点，就不会把它们错认成白蘑菇了。

90

也许是因为白蘑菇味道太鲜美，太招人喜欢了。所以有很多毒蘑菇都想冒充白蘑菇，但它们笨手笨脚，总是会露出马脚，比如有的伞盖下面是红色的，有的伞盖掰开后起初变红，然后变黑。

只要细心观察，一定有办法找出破绽，揭穿毒蘑菇的真面目。

91

下雪了吗

*

现在是8月，应该不会下雪了呀！可是，确实有无数个雪花飘落到湖面上。让人惊奇的是，这些雪花落在湖面上之后又升了起来。第二天，雪花一片片地躺在地上，竟然一点也没有融化。

天底下怎么有这么奇怪的雪呢？我们带着疑问来到岸边，才发现那些不是雪花，而是一

种昆虫——蜉蝣。

蜉蝣的一生是短暂而悲壮的。它们要在黑暗的湖底淤泥中整整等上3年，才能脱胎换骨，从丑陋的爬虫变成长着翅膀的小仙子。可是，当小仙子的日子只有一天，当它们在湖面上产卵之后，就会死去。

1000个日日夜夜的等待，换来一天的光明。蜉蝣自然会非常珍惜，所以在那一天，它们会尽情跳舞，享受一天的快乐，哪怕几个小时以后就会死去，也并不感到后悔。死去的蜉蝣散落在河岸四周，就像堆积在一起的雪花。

白色的天使

*

一天清晨，一群灰色的野鸭在湖中央游泳嬉戏。在它们中间，有一只浅黄色的野鸭让人眼前一亮。

我目不转睛地盯着它。过了一会儿，太阳出来了。阳光照在它身上，它全身都变得雪白，多像一个白色的小天使呀！

凭借着多年的经验，我立刻判断出，这只野鸭得了白化病。白化病是一种先天性的疾病，患了这种病的动物身体内缺少色素，所以皮毛会呈现出白色或者很浅很浅的颜色。对于动物来说，得了这种病会缺少保护色，是非常危险的。

我对这只野鸭非常好奇，于是紧紧盯着它。等野鸭们游到窄窄的湖湾时，我冲着它开了一枪。在这个紧急时刻，一只灰野鸭突然冲过来，挡在了白野鸭跟前。灰野鸭死了，白野鸭却跟着同伴们逃走了。原来，失去保护色的白野鸭，一直有同伴们的保护。这个结果让我感到非常意外。

各种各样的植树机器

*

以前，人们植树只能靠自己的双手，既慢又费力。现在不一样了，我们有功能齐全的新款植树机。不论是种子还是树苗，不论是大树还是小树，植树机都能轻松种植。翻土、挖池塘、苗圃养护也都交给机器了。人们的工作越来越轻松，身边的"绿色朋友"却越来越多了。

自己动手

*

我们这个地区没有池塘和湖泊，只有一条小河，庄员们给庄稼和蔬菜浇水，全靠小河里的水。可是到了夏天，在阳光的照射下，河里的水很快就蒸发了，变成了一个浅浅的水沟，根本没办法喂饱庄稼和蔬菜。

看着庄稼和蔬菜蔫巴巴的样子，庄员们急坏了，决定自己动手解决问题。他们挖了一个水库和一个人工湖，在里面蓄满水，足够庄稼和蔬菜喝上一整个夏天。

勤劳的人们还利用这些水资源养鱼养虾，养殖水禽。生活越来越红火，人们脸上的笑容也越来越多了。

爱护森林

*

为了减少风沙对祖国的侵害，大人们忙着营造防护林。我们少先队员是祖国的一分子，也想为祖国的建设出一分力：保护树木，让它们茁壮成长。

为了防止害虫和一些小动物危害树木，我们想到了两个办法：

第一，做了350个椋鸟窝，挂在树林里。椋鸟是捕虫高手，把它们安排在这里，既能消灭害虫保护树木，又能让它们填饱肚子，一举两得（做一件事，得到两种收获）。

第二，制作一个捕鼠夹，放在伤害树木的小动物的洞穴出口，往洞穴里灌水，把小动物逼出来，它们就会被捕鼠夹死死夹住。当然，我们只对付啃咬树木的小动物。

cǐ wài　　wǒ men hái huì zǔ chéng yì wù xún luó duì　　zài shù lín
此外，我们还会组成义务巡逻队，在树林

lǐ xún chá　　hái yào gěi rén men xuān chuán bǎo hù sēn lín de zhòng yào xìng
里巡查，还要给人们宣传保护森林的重要性。

ài hù sēn lín shì měi yí gè gōng mín de zé rèn hé yì
爱护森林是每一个公民的责任和义

wù　　néng hé dà rén men yì qǐ cān yù dào jiàn shè zǔ
务，能和大人们一起参与到建设祖

guó de gōng zuò zhōng　　wǒ men gǎn dào fēi cháng zì háo
国的工作中，我们感到非常自豪。

sà lā tuō fū shì dì　　zhōng xué de quán tǐ xué shēng
萨拉托夫市第63中学的全体学生

<ruby>农<rt>nóng</rt></ruby><ruby>庄<rt>zhuāng</rt></ruby><ruby>里<rt>lǐ</rt></ruby><ruby>的<rt>de</rt></ruby><ruby>新<rt>xīn</rt></ruby><ruby>闻<rt>wén</rt></ruby>

<ruby>最<rt>zuì</rt></ruby><ruby>忙<rt>máng</rt></ruby><ruby>的<rt>de</rt></ruby><ruby>时<rt>shí</rt></ruby><ruby>候<rt>hou</rt></ruby>

*

<ruby>黑<rt>hēi</rt></ruby><ruby>麦<rt>mài</rt></ruby>、<ruby>小<rt>xiǎo</rt></ruby><ruby>麦<rt>mài</rt></ruby>、<ruby>大<rt>dà</rt></ruby><ruby>麦<rt>mài</rt></ruby>、<ruby>燕<rt>yàn</rt></ruby><ruby>麦<rt>mài</rt></ruby>、<ruby>荞<rt>qiáo</rt></ruby><ruby>麦<rt>mài</rt></ruby>，<ruby>全<rt>quán</rt></ruby><ruby>都<rt>dōu</rt></ruby><ruby>成<rt>chéng</rt></ruby><ruby>熟<rt>shú</rt></ruby><ruby>了<rt>le</rt></ruby>。<ruby>庄<rt>zhuāng</rt></ruby><ruby>员<rt>yuán</rt></ruby><ruby>们<rt>men</rt></ruby><ruby>忙<rt>máng</rt></ruby><ruby>得<rt>de</rt></ruby><ruby>团<rt>tuán</rt></ruby><ruby>团<rt>tuán</rt></ruby><ruby>转<rt>zhuàn</rt></ruby>，<ruby>每<rt>měi</rt></ruby><ruby>天<rt>tiān</rt></ruby><ruby>都<rt>dōu</rt></ruby><ruby>在<rt>zài</rt></ruby><ruby>田<rt>tián</rt></ruby><ruby>里<rt>lǐ</rt></ruby><ruby>收<rt>shōu</rt></ruby><ruby>割<rt>gē</rt></ruby>。

<ruby>收<rt>shōu</rt></ruby><ruby>割<rt>gē</rt></ruby><ruby>完<rt>wán</rt></ruby><ruby>以<rt>yǐ</rt></ruby><ruby>后<rt>hòu</rt></ruby>，<ruby>就<rt>jiù</rt></ruby><ruby>可<rt>kě</rt></ruby><ruby>以<rt>yǐ</rt></ruby><ruby>休<rt>xiū</rt></ruby><ruby>息<rt>xi</rt></ruby><ruby>了<rt>le</rt></ruby><ruby>吗<rt>ma</rt></ruby>？<ruby>当<rt>dāng</rt></ruby><ruby>然<rt>rán</rt></ruby><ruby>不<rt>bú</rt></ruby>

是，接下来还有好多活要干呢！

要把粮食送上火车献给国家。还要忙着翻耕土地，为明年春天的播种做好准备。

浆果已经采摘完毕。苹果、梨子、李子、花楸成熟了。森林里的蘑菇散发着独特的香味，孩子们又可以享口福了。

但是山鹑一家的日子可不太好过，没有了黑麦"森林"的保护，它们又要开始过东躲西藏的生活了。好不容易找到一块可以藏身的土豆田，没住几天，挖土豆的机器就来了。它们只能不停地搬家，不停地漂泊，直到秋播的黑麦田里长出麦苗，它们才高高兴兴地搬了回去，不用再去流浪了。

杂草上当啦

*

收完麦子，麦田里就只剩下麦茬了。庄员们已经计划好了，明年春天在这里种土豆。

地虽然闲下来了，庄员们可不敢休息，他们还要做一件非常重要的事——除杂草。

也许你会觉得奇怪，放眼望去麦田里只有麦茬，看不见杂草哇！其实，杂草早已经把种子撒到地上，把根扎进了泥土里，等明年春天一到，它们就会从土里钻出来，祸害土豆呢！

庄员们用浅耕机切断杂草的根，同时把它们的种子翻到地下。杂草以为春天到了，铆足了劲生长起来，没用几天，种子就生出了根，但它们的根还扎得不深。这时，庄员们再用深耕机把它们一股脑地翻出来，很快它们就全被冻死了。

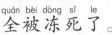

喜　报

*

喜报！喜报！

那只叫多什卡的母猪生了26只猪宝宝。2月份它刚生下了12只猪宝宝，这才过了半年，又生了这么多，它可真能干哪！

黄瓜的抗议

*

黄瓜头上的花朵还没凋谢呢，庄员们就把它们摘走了。黄瓜们为此非常不满，向庄员们提出了抗议。

庄员们却嘿嘿笑着说："黄瓜就是要在最鲜嫩、最水灵的时候摘走哇，太老了就不好吃了，只能留下来当种子。"

pū kōng le
扑空了

*

一只蜻蜓飞到农场里，想蹭点蜂蜜吃。

可是它来晚了，蜜蜂们上个月就搬到树
林里去了，那里有大片大片的帚石楠花，它
们要在那里采蜜，一直到帚石楠花凋谢了才
搬回来。

蜻蜓扑了个空，闷闷不乐地飞走了，一边
走一边嘟囔："都怪我消息太不灵通了，白跑
一趟。"

104

赶跑猫头鹰

*

当我赶着马车回来的时候，我发现面前的树枝上蹲着一只猫头鹰，它像是没有看到我似的，没有任何反应，只是目不转睛地看着前面的一堆树枝。我心想："这家伙为什么不怕我呢？"于是我顺手捡起一根树枝，朝它扔过去。猫头鹰惊叫一声，飞走了。这时候，十几只小鸟从那堆树枝下钻了出来。原来猫头鹰是在狩猎，如果不是我来了的话，这些小鸟就要成为它的美餐了。

狩猎的故事
shòu liè de gù shi

埋伏起来
mái fú qǐ lái

*

现在，小野鸭们要飞往远方了。
xiàn zài　xiǎo yě yā men yào fēi wǎng yuǎn fāng le

它们已经盘算好了：一路上有太多的危
tā men yǐ jīng pán suan hǎo le　yí lù shàng yǒu tài duō de wēi

险，所以它们白天要在高高的芦苇丛中睡觉，
xiǎn　suǒ yǐ tā men bái tiān yào zài gāo gāo de lú wěi cóng zhōng shuì jiào

太阳落山的时候再起飞。
tài yáng luò shān de shí hou zài qǐ fēi

可它们万万没想到，猎人们早就摸清这个
kě tā men wàn wàn méi xiǎng dào　liè rén men zǎo jiù mō qīng zhè ge

规律，做好了埋伏。
guī lù　zuò hǎo le mái fú

傍晚时分，猎人埋伏在灌木丛中，两只眼睛一动不动地盯着西边。过了一会儿，刚刚睡醒的小野鸭肚子饿了，从西边的芦苇丛中飞出来，直奔着猎人的方向飞过去。

"砰！砰！砰！"

猎人对准目标一通疯狂地射击，几只小野鸭便像雨点一样落了下来。但猎人对这样的结果并不满意，又想到了一个绝妙的狩猎计划。

第二天清晨，又有一群小野鸭吃饱了，要飞到芦苇丛中去睡大觉。它们刚飞到半路，枪声就响了起来。原来，猎人知道小野鸭这个时候会到芦苇丛中来，早就提前埋伏好了。

107

猎人的好帮手

*

小黑琴鸡正和家人在树林间的空地上找食物吃。可是不知道为什么，它总觉得有双眼睛在盯着自己，让它非常不安。

它抬头一看，天哪，真的有一只猎狗藏在草丛里，距离自己只有几米远。

"怎么办？怎么办？"小黑琴鸡吓得身体缩成一团，一动也不敢动。

奇怪的是，猎狗没有攻击小黑琴鸡，只是安安静静地盯着它。

"好吧！如果它扑过来，我就呼扇着翅膀飞到空中，只要我飞得够高，它就抓不着我。"小黑琴鸡想好了对策，还是不敢动。两双眼睛就这么对视着，时间好像停止了一样。

突然，一个可怕的声音从大树后面传过来："达拉，冲吧！"

猎狗狂叫着冲过来，小黑琴鸡猛地一扇翅膀，飞了起来。但它还没顾得上高兴，就被猎人打了下来。

原来那只叫达拉的猎狗只是猎人的帮手，小黑琴鸡知道得太晚了。

要命的木笛声

*

一群小花尾榛鸡在草丛中玩得正高兴，猎人走过来了。

"快跑！"妈妈一声令下，小花尾榛鸡们赶紧飞到树枝上，躲了起来。它们静静地待在上面，等着妈妈的命令。危险解除以后，妈妈会告诉它们，之前一直都是这样。

过了一会儿，不远处传来妈妈的呼喊声："安全了，都出来吧！"

"太棒了！"一只小花尾榛鸡从树上飞下来。

声音是从树墩那里传过来的，妈妈肯定在那里！它兴冲冲地朝树墩飞过去，只听"砰"的一声，小花尾榛鸡跌落下来。但很快，树墩那里又传来妈妈的喊声："安全了，都出来吧！"

又一只小花尾榛鸡朝树墩飞过去，被枪击中了。

猎人拿着嘴中的小木笛得意地说："谢谢你呀，小木笛。用你来模仿榛鸡妈妈的声音最好了，它们谁也听不出来。"

说完，他捡起地上的小花尾榛鸡，高高兴兴地回家了。

图书在版编目（CIP）数据

森林报 . 夏 /（苏）维·比安基著；学而思教研中
心改编 . -- 北京：石油工业出版社，2020.4
（学而思大语文分级阅读）
ISBN 978-7-5183-3870-2

Ⅰ.①森… Ⅱ.①维… ②学… Ⅲ.①森林 - 青少年
读物 Ⅳ.① S7-49

中国版本图书馆 CIP 数据核字 (2020) 第 024501 号

森林报·夏

　[苏联] 维·比安基　著　　学而思教研中心　改编

策划编辑：王　昕　曹敏睿
责任编辑：马金华　陈　露
执行主编：田　雪
改　　写：尤艳芳
出版发行：石油工业出版社
　　　　　（北京安定门外安华里 2 区 1 号 100011）
　　　　　网　址：www.petropub.com
　　　　　编辑部：（010）64523616　64252031
　　　　　图书营销中心：（010）64523731　64523633
经　　销：全国新华书店
印　　刷：昌昊伟业（天津）文化传媒有限公司

2020 年 4 月第 1 版　2023 年 12 月第 14 次印刷
开本：710×1000 毫米　1/16　印张：7.5
字数：70 千字

定价：22.80 元
（如出现印装质量问题，我社图书营销中心负责调换）